L'ART D'ÉLEVER,

DE MULTIPLIER ET D'ENGRAISSER

LES PORCS

AVEC ÉCONOMIE DE TEMPS ET DE NOURRITURE,

contenant

LES DIVERSES RACES DE PORCS;
LES INDICES D'UN PROMPT ENGRAISSEMENT;
LE CHOIX DU MALE ET DE LA FEMELLE SERVANT A LA REPRODUCTION;
LE MOYEN DE LES GUÉRIR DE LEURS MALADIES, DE LES ENGRAISSER;
LES SOINS QU'EXIGENT LES PORCS AUX DIFFÉRENTES ÉPOQUES DE L'ANNÉE;
LA MANIÈRE D'OPÉRER LA CASTRATION, D'EXTIRPER LES OVAIRES, DE LES EMPÊCHER DE FOUGER, ETC. (*Voyez la table*).

MOYEN DE FAIRE UN BÉNÉFICE DE 3,364 FRANCS CHAQUE ANNÉE.

PAR CÉLESTIN BAILLY,

Fermier à Rozet-la-Laresse.

PRIX : 50 CENTIMES.

PARIS,

CHEZ TISSOT, LIBRAIRE,

Place du pont Saint-Michel, 45.

1848

TABLE DES MATIÈRES.

MALADIES DES PORCS.

Imprimerie d'A. SIROU et DESQUERS, rue des Noyers, 37.

LE PORC

OU

COCHON DOMESTIQUE.

SON UTILITÉ.

Le cochon domestique est un des animaux les plus utiles par la facilité avec laquelle on le nourrit, par le goût agréable de sa chair, par la propriété qu'elle a de se conserver longtemps au moyen du sel. Il n'est point d'animal dont on puisse tirer un plus grand parti ; tout son corps est susceptible de recevoir des emplois utiles, et se présente sous diverses formes à la table des riches comme à celle des pauvres. Sa chair sert à la préparation des charcuteries les plus délicates et les plus recherchées ; sa graisse est, pour les légumes des pauvres, un assaisonnement inappréciable ; son sang, ses entrailles, tout son corps, en un mot, est utile pour la nourriture de l'homme.

C'est surtout à la campagne qu'il est indispensable d'en nourrir, puisque sans lui une foule de déchets seraient perdus. Toutes les substances animales ou végétales sont pour lui des aliments.

On appelle le mâle verrat, la femelle truie ; les jeunes s'appellent porcelets ou gorets. On applique communément à l'animal mâle et femelle qui a subi la castration, le nom de porc, de cochon et de coche.

La fécondité du porc surpasse de beaucoup celle de nos animaux domestiques. Chaque truie peut produire jusqu'à vingt-huit petits par an.

Il résulte des calculs du maréchal Vauban qu'une seule truie, après sa dixième génération, peut donner 6,434,838 individus, et, dans ce nombre prodigieux, les mâles ne sont pas compris.

Ce calcul est loin d'être exagéré, puisque les Anglais citent l'exemple d'une truie du comté de Leicester, qui avait élevé 355 petits qu'elle avait mis bas en vingt portées.

CHOIX DU MALE ET DE LA FEMELLE.

Quand on veut faire choix d'un mâle et d'une femelle devant servir à la reproduction, il faut voir s'ils portent les caractères suivants : charpente osseuse, petite et moins développée que les parties musculeuses, les yeux clairs et vifs, le groin fin, peu élevé sur jambes, poitrine large, épaules bien écartées, corps allongé, peau fine, petite tête à cou peu allongé, et train de derrière très-développé.

Tout éleveur qui voudra se livrer fructueusement à l'éducation des porcs devra repousser tout animal de faible constitution ou de santé chancelante, de peur qu'il ne donne naissance à une race faible ou maladive, et par conséquent d'une éducation difficile et coûteuse.

On ne doit pas attacher trop d'importance à la grosseur du mâle et de la femelle, parce qu'un gros porc dévore souvent autant que deux petits, sans donner un plus grand produit que ceux-ci.

La disposition à l'engraissement est le point sur lequel doit se porter la plus sérieuse attention ; car de là dépend le bénéfice ou la perte de l'éducation. De deux animaux différents de constitution, soumis au même régime, l'un produira moitié moins de graisse que l'autre. Une poitrine large est ordinairement le meilleur signe qui indique la disposition à l'engraissement. Si tout le monde sait qu'une poitrine large dénote la vigueur des principaux viscères, tout le monde ne sait pas, même une grande partie des éleveurs, que la capacité de cette partie importante du corps est en proportion de la propension qu'a l'animal à prendre une grande quantité de graisse de bonne nature.

DIVERSES ESPÈCES DE COCHONS.

On distingue en France trois races de cochons.

La première, celle de la vallée d'Auge, se rencontre en Normandie ; elle se fait remarquer par ses oreilles pendantes et étroites, sa tête petite, son front enfoncé, son groin élargi et saillant, un poil blanc et peu abondant; son corps est long et épais, les pattes minces, les ossements petits; elle prend rapidement la graisse et parvient facilement au poids de 300 kilos (600 livres).

La seconde, connue sous le nom de race poitevine, présente une tête longue et assez grosse, le front saillant et coupé droit, l'oreille large et pendante, les pattes larges et fortes, le corps allongé et les soies épaisses et rudes; elle peut peser de 200 à 250 kilos (500 livres).

La troisième race est celle du Périgord; elle offre une oreille petite et presque droite, le cou court et gros, le corps large et ramassé, les soies noires et rudes; son poids est d'environ 200 kilos (400 livres).

RUT OU CHALEUR DANS LES TRUIES. — INDICES.

Le rut ou chaleur s'annonce dans la truie à l'âge de six mois, et même de quatre, et cette passion, si elle n'est pas satisfaite, revient après trois semaines. On reconnaît qu'elle est en rut par un mouvement désordonné; elle saute continuellement sur les autres porcs, sa bouche est baveuse et écumante, les lèvres de la vulve sont rouges et enflées; elle recherche et provoque constamment le verrat. On la laisse attendre un jour dans cette situation, avant de la conduire au verrat.

DE L'ACCOUPLEMENT.

Pour avoir de beaux produits et en retirer tout le bénéfice désirable, on choisit un verrat ayant les qualités que j'ai signalées; il doit être âgé d'un an à dix-huit mois, pas plus, parce que à deux ans il est déjà féroce. Il peut servir pendant trois années et suffire à vingt truies. Toutefois, on préfère, dans la plupart des exploitations, employer le verrat de huit à dix mois et le châtrer ensuite, parce qu'il devient féroce au delà de cet âge, et que, d'ailleurs, sa chair serait moins bonne si on tardait plus longtemps à lui faire subir la castration.

La truie servant à la reproduction doit avoir également les qualités que j'ai signalées. On la fait couvrir lorsqu'elle est âgée d'environ un an; à trois ans, elle devient aussi plus intraitable : elle se laisse difficilement manier, et dès lors il n'est guère possible d'en tirer parti pour la multiplication de l'espèce.

ÉPOQUE DE L'ACCOUPLEMENT.

C'est vers le mois de novembre ou de décembre, puis de mai et de juin, que doit avoir lieu l'accouplement. Ordinairement on les enferme ensemble pendant quelques jours pour assurer la fécondation. Malgré les nombreux essais qui ont démontré qu'il était rare que le premier saut ne fût pas suffisant, il est cependant sage, quand on le peut, de les laisser répéter, surtout si le verrat a plusieurs femelles à sa disposition.

SOINS QU'EXIGE LE VERRAT AUX ÉPOQUES DE L'ACCOUPLEMENT.

Aux époques de l'accouplement, le verrat doit recevoir une bonne nourriture, mais pas en quantité à lui faire prendre trop de graisse. Il s'agit de le rendre agile et enjoué, et non de l'engraisser. Le grain, l'avoine, le sarrasin et le seigle, en petite quantité, avec un logement clair et chaud, produisent fort bien l'effet désiré. Il peut saillir jusqu'à quatre truies par jour, quand on le tient enfermé. Si on le laissait vaguer avec les troupeaux, il épuiserait ses forces dans des luttes inutiles, et l'on ne pourrait pas constater l'époque précise de l'accouplement des truies, ce qui est fort important à savoir, afin de connaître l'époque précise où elles mettent bas. L'accouplement se fait avec lenteur, malgré que le verrat soit très-lascif. Le coït se prolonge trois à quatre minutes avant l'émission de la semence. A l'étourdissement subit dont il est frappé, à l'interruption soudaine de ses mouvements, on reconnaît que l'animal a accompli son œuvre.

DE LA GESTATION ET DE SA DURÉE.

La truie porte son fruit de cent seize à cent vingt jours, et pourrait, à la rigueur, faire trois ventrées en moins de quatorze mois si les forces le lui permettaient; mais il est plus convenable de ne lui faire porter que deux fois par an, pour qu'elle puisse nourrir les porcelets sans s'épuiser. Le part doit être réglé de manière que les petits arrivent pour qu'ils aient le temps de prendre des forces avant l'hiver et après la fin des grands froids ; ce point est important, parce qu'une jeune portée résiste difficilement à un grand froid.

La truie pleine doit être logée à part, afin d'éviter chez elle l'avortement, qui souvent est provoqué par les jeux trop vifs des autres porcs, et aussi pour lui faire suivre le régime que réclame sa position. Il faut lui donner des aliments qui lui donnent de la force et du lait, mais pas en trop grand quantité afin d'éviter l'engraissement, qui pour elle est toujours dangereux au moment du part. Le régime des jeunes gorets ne lui serait pas plus convenable que celui des porcs à l'engrais. C'est le moment, pour sa santé de la tenir proprement, de la faire baigner souvent pendant l'été, et l'hiver de la garantir des grands froids; enfin, de ne la laisser jamais manquer d'eau pour se désaltérer.

DE L'APPROCHE DU PART.

Il faut bien remarquer quand la truie a été saillie, afin de savoir avec certitude l'époque à laquelle celle-ci devra mettre bas.

Quand on verra ses mamelles gonflées, et qu'elle s'occupera à concentrer la paille de son logement dans un cercle au milieu duquel elle se blottira, dès lors la surveillance devra redoubler, parce que le moment où elle mettra bas ne sera pas éloigné. La truie a de longues douleurs ; elle les annonce par un mugissement ou par une espèce de regard sauvage. Il faut, au premier cri que les douleurs lui arrachent, se trouver près d'elle pour l'aider et pour saisir l'instant ou l'arrière-faix paraît, afin de le lui enlever, autrement elle le mangerait et peut-être encore ses petits; pour éviter ce dernier accident, il faut frotter le dos des nouveaux-nés avec de la coloquinte, dont l'amertume répugne à la mère : de crainte d'irriter la truie, on doit agir avec douceur. La délivrance s'annonce par le déchirement de l'amnios dans le vagin : dès lors on voit le goret entièment à découvert, il déchire le cordon ombilical, demeure quelques instants tranquille, commence ensuite à marcher et cherche le mamelon de la mère. Aussitôt que la truie a cochonné, il faut, pour la fortifier, lui faire prendre une boisson composée de lait, d'eau tiède et d'un peu d'orge cuite ; on ne doit la quitter que lorsqu'elle a accueilli tous ses petits, qu'elle leur a laissé prendre la mamelle. Dès cet instant on sera sûr qu'elle sera pour eux une bonne mère nourrice.

La nourriture de la truie qui vient de cochonner doit être saine, succulente et abondante ; il vaut mieux qu'elle soit chaude que froide; cependant, dans les premiers jours, il ne faut lui en donner qu'avec ménagement, autrement les petits contractent la diarrhée ou d'autres maladies qui les font périr ; peu et souvent est une règle bonne à suivre ; elle doit être composée de carottes bouillies, de salade mêlée de son cuit.

Le logement de la truie qui vient de mettre bas doit être chaud, propre, pourvu d'une quantité suffisante de paille courte et fraîche, exposé aux rayons du soleil si le lieu le comporte, spacieux, afin qu'elle n'étouffe pas ses petits. Ces précautions sont du plus haut intérêt pour le bien-être de la mère et des jeunes élèves.

RENVERSEMENT DE LA MATRICE.

Il arrive quelquefois qu'un accouchement laborieux amène le renversement de la matrice ; dans ce cas, il faut serrer le groin de la truie, pour que ses cris n'augmentent pas davantage le renversement ; ensuite, si l'utérus est bien enflé, on le plonge dans l'eau tiède, en tenant l'animal couché sur le flanc ; puis, quand on voit que l'enflure est diminuée, on tient le train de derrière très-élevé ; on prend une serviette fine humectée d'eau tiède, avec laquelle on repousse peu à peu la matrice, jusqu'à ce qu'elle soit entièrement rentrée dans le vagin. Alors on fait bouillir, dans un seau, deux décilitres de vin rouge, une demi-poignée de fleurs de sureau; après avoir passé cette liqueur et l'avoir laissé refroidir, on prend un tampon d'étoupes que l'on trempe dans la liqueur et que l'on pousse ensuite dans le vagin. Pour éviter que la truie ne le repousse par de nouveaux efforts, il faut tenir la main devant l'ouververture jusqu'à ce que l'animal cesse de le repousser.

Il arrive aussi quelquefois que la truie, après avoir cochonné, perd ses forces au point de ne pouvoir se relever, repousse ses petits, que sa respiration est accélérée, son pouls faible et précipité : il y a à craindre de la voir périr si on ne lui porte pas promptement remède; il faut, pour la tirer de ce malheureux état, lui faire avaler un demi-litre de vin mélangé avec une décoction de lavande, de menthe, de thym ou de sauge; si on n'a pas de vin, on peut se servir de cidre, de bière ou d'eau-de-vie, mais en petite quantité. Dans le cas où le remède n'aurait pas produit l'effet désiré au bout de deux ou trois heures, on doit recommencer le même remède de six en six heures, jusqu'à ce que l'on ait obtenu un résultat satisfaisant. Il ne faut pas confondre cette maladie avec l'abattement léger qui suit la mise-bas et qui se dissipe de lui-même après un peu de repos. Le stimulant prescrit pour le premier cas lui serait funeste.

SEVRAGE DES GORETS.

S'il est né plus de petits que la mère n'a de mamelles, on ne doit pas hésiter d'en sacrifier quelques-uns au bout de quelques jours de leur naissance; on peut les vendre comme cochons de lait. Le nombre à garder ne doit pas dépasser dix. Cela est d'un grand avantage pour la truie, attendu que, lorsqu'elle a tant de petits, il lui en coûte trop de les nourrir tous : non-seulement elle s'épuise à cause de la trop grande quantité de lait qu'elle est obligée de donner, mais elle souffre aussi beaucoup du frottement continuel des petits contre les mamelons; une fois ses forces épuisées, elle ne pourrait plus être remise en bon état, et ses petits seraient toujours languissants.

Pour que la ventrée soit égale en force au bout du sevrage, on doit, dès le premier instant, faire prendre aux nourrissons les plus faibles les mamelles antérieures, parce qu'elle fournissent plus de lait que les postérieures; une fois que les gorets ont adopté une mamelle, ils n'en changent pas tant que dure l'allaitement.

A l'âge de quinze à vingt jours, on peut commencer à faire boire aux gorets du lait tiède mélangé d'un peu de farine. Afin de les accoutumer à boire, il faut séparer la mère de temps en temps de ses petits, pour que ceux-ci s'accoutument plus facilement à boire. Il faut augmenter peu à peu cette nourriture, et au bout de six semaines ou deux mois ne plus les laisser téter. Lorsqu'on a ainsi procédé à l'égard de la mère et des petits pendant quinze jours de suite, ceux-ci boivent ordinairement seuls; alors la séparation doit être complète.

RÉGIME DES GORETS SEVRÉS.

Après le sevrage, les gorets doivent être soignés d'une manière toute spéciale. Leur logement doit être spacieux pour qu'ils s'y trouvent à l'aise; chaud, pour l'hiver, éclairé, bien aéré et pourvu d'une litière abondante; il doit avoir une issue vers une petite réserve où ils puissent, pendant l'été, trouver de l'herbe, se récréer, aller dans l'eau, à l'ombre et au soleil. L'eau et une demeure propre sont aussi nécessaires pour la santé des gorets qu'une nourriture succulente et choisie.

On doit, pendant les premiers temps du sevrage, distribuer la nourriture aux jeunes gorets quatre à cinq fois par jour; il faut laver leur auge après avoir enlevé la nourriture du précédent repas qui n'aura pas été consommée, avant d'y en déposer un nouveau. Le petit-lait mêlé de son, de carottes bouillies, est une nourriture très-agréable aux jeunes gorets; mais il ne faut pas le leur donner chaud, parce qu'il leur occasionnerait la tympanite. Quand le lait manque, on peut le remplacer par les eaux grasses, dans lesquelles on jette un peu de farine. Afin d'accélérer la chute des dents de lait, que l'on appelle aussi dents de loup et faire pousser les bonnes, on leur distribuera deux ou trois poignées de grain cru, tel que pois, orge ou seigle, attendu qu'ils sont dans l'obligation de mâcher fortement les grains séchés. Il ne faut pas oublier de leur donner également quelques herbages pour supplément à leur nourriture; la chicorée sauvage, les feuilles de choux, de salade leur sont très-salutaires.

Les gorets non sevrés sont sujets à la teigne quand leur mère reçoit une nourriture trop abondante, de même que les gorets sevrés nourris trop abondamment. On reconnaît qu'ils ont cette maladie quand ils ont les yeux collés, qu'on remarque sur leur corps des croûtes brunâtres et suppurantes, principalement autour des yeux. Cette maladie est peu grave; il ne s'agit que de diminuer leur nourriture, de leur laver légèrement les yeux avec de l'eau tiède, et de mêler à leur nourriture de chaque repas un peu de sel d'antimoine.

Il faut avoir soin de séparer les gorets mâles d'avec les femelles de suite après le sevrage, quand ils n'ont pas été châtrés à la mamelle, parce que leurs désirs prématurés sont un obstacle à leur croissance et à l'affaiblissement de leur constitution.

La séparation entre les plus forts et les plus faibles doit également avoir lieu si l'on ne veut pas voir périr les uns d'inanition et les autres par excès de nourriture, attendu que les plus faibles seraient toujours privés de leur pitance par les plus vigoureux.

NOURRITURE DITE DES PORCS ADULTES.

Il ne s'agit pas ici de l'engrais du porc, mais seulement des soins à lui donner pour l'élever jusqu'au moment de l'engraisser. A l'âge de six mois il peut être soumis à un régime moins soigné que celui qui lui était nécessaire après le sevrage. On peut le faire parquer sur les prairies artificielles des champs de racines cultivées dans ce but, le conduire dans les bois, dans les lieux marécageux où il trouvera de l'herbe, des fruits, des racines, etc. On peut aussi le nourrir complétement à la cour; mais, dans l'un ou l'autre cas, il doit avoir de l'eau en abondance, tant pour le désaltérer que pour se baigner, ainsi qu'un abri contre les grandes pluies et les grandes chaleurs.

On peut supprimer entièrement aux porcs le grain que l'on donnait aux gorets, si on les nourrit à la cour. Dans le cas où l'on ne ferait qu'un petit nombre d'élèves, il se trouvera assez de petit-lait, d'eau grasse et de débris de légumes pour leur faire suivre le même régime, et ils s'en trouveront tout aussi bien; mais, si on est obligé, pour subvenir aux besoins des mères qui allaitent, de les priver de ces mets, il n'y a pas d'autre moyen que d'avoir recours aux végétaux produits par la grande culture; ces végétaux sont la luzerne, le trèfle, le sainfoin, les pois, les vesces et toutes les racines, telles que panais, betteraves, carottes, pommes de terre, etc. Le trèfle servi à l'étable, préparé comme ci-après, entretient convenablement les porcs. Aussitôt qu'il est fauché, on en met une quantité convenable dans un cuvier avec de l'eau, et on l'expose ensuite au soleil; quand on voit qu'il devient noir et laisse échapper une certaine odeur, la fermentation désirée est opérée, on peut le faire manger; huit à dix kilogrammes sont nécessaire à l'entretien de chaque animal. Si, par hasard, il arrive au porc de refuser cet aliment ainsi préparé, quand il lui est présenté pour la première fois, il ne faut pas s'en inquiéter, il ne sera pas longtemps à s'y habituer, et même à repousser toute autre nourriture non fermentée. Quand une fois les cochons ont pris goût aux mets fermentés, salés ou aigris, ils refusent toutes nourritures non préparées; par conséquent, il est préjudiciable de les remettre à un régime ordinaire. Ainsi donc, dans les localités où l'on fait du cidre, du vin ou de l'eau-de-vie, les marcs devront être donnés aux porcs adultes.

Une autre nourriture, qui n'est pas moins bonne que les précédentes, est la chicorée sauvage et la laitue, dont je ne saurais trop recommander la culture dans ce but. Les habitants des bords de la mer récoltent pour eux le scirpe maritime et diverses espèces de varechs que les cochons mangent avec avidité.

Il est une autre nourriture qui n'est pas moins prospère et moins économique que les précédentes et que tout le monde peut mettre en pratique en se donnant un peu de peine : je veux parler des matières animales, telles que les chevaux abattus, les déchets de boucheries, le sang et même les eaux grasses provenant des cuisines des restaurateurs, des auberges, etc.

DU PARCAGE DES PORCS.

On doit conduire paître les porcs dans les bois; ils y trouveront des fruits sauvages, des châtaignes, des faînes, des glands, et les graines du pin pignon. On doit également les conduire dans les marais et les étangs; ils y trouveront des racines, des herbages et des insectes. Les champs nouvellement moissonnés ne seront mis à leur disposition qu'autant que l'on n'aura pas de vaches ou de moutons à en faire profiter. Tout le monde sait que ces derniers animaux ramassent les épis aussi bien que les porcs, et tirent profit d'une foule de plantes qui ne seraient pas mangées par lui, et nuiront moins aux prairaies artificielles que l'on sème dans les céréales. Il est toujours imprudent de les laisser paître sur les champs non ensemencés, à moins qu'ils ne soient dévastés par des souris, des insectes ou des taupes : dans ce cas, le porc parviendra à les détruire tout en se nourrissant bien. Cette pâture ne doit cependant pas dispenser l'éleveur de leur donner à manger quelque peu à la maison, quand même celle du dehors leur serait suffisante, tant pour connaître chaque jour leur appétit et leur santé que pour les faire rentrer à heure fixe.

NOURRITURE D'HIVER.

Les porcs ne peuvent point chercher eux-mêmes leur nourriture en hiver ; il faut, en conséquence, apporter plus de soins à leur procurer celle qui leur est nécessaire. C'est alors que les moyens d'entretien deviennent plus restreints pour le cultivateur imprévoyant qui n'a pas su faire une grande provision de racines : car le grain serait trop cher pour les animaux que l'on veut simplement entretenir en bon état, et le petit-lait doit être réservé pour les porcs à l'engrais. Il n'y aurait donc que les résidus de la cuisine, le son provenant du blé moulu ; mais ces déchets ne seraient pas suffisants pour un cultivateur qui voudrait se vouer à une éducation en grand. Il faut, de toute nécessité, avoir à sa disposition d'autres provisions, et la culture en grand des racines peut seule les fournir, à moins cependant d'être à proximité d'une féculerie, d'une distillerie ou d'une brasserie, qui vous permettent de vous procurer ces résidus à bon compte ; mais ce cas fait exception. Les racines sont donc la seule nourriture économique pendant l'hiver. Avant de les servir, il faut avoir soin de les approprier, de les couper par morceaux de moyenne grosseur, de les assaisonner de sel de temps en temps pour exciter leur appétit, de mélanger les diverses espèces, et de donner pour boisson les eaux grasses. Si l'on s'aperçoit que les porcs sont fatigués des racines crues, il faut les faire cuire : ce petit sacrifice suffira pour rendre l'appétit aux animaux.

C'est dans cette saison, principalement, que les cochons devront recevoir les plus grands soins de propreté et un logis convenable. On voit communément les fermiers laisser courir leurs porcs, en hiver, dans les basses-cours, où ils trouvent divers déchets. La méthode n'est pas mauvaise quand on a soin, pendant le temps des pluies et des froids, de tenir leur logement propre, garni d'une bonne litière, parce que, dans le cas contraire, ils s'enterrent dans un tas de fumier, et, par ce moyen, la superficie de leur peau se remplit d'ordures, et les intervalles entre leurs soies se couvrent d'une croûte qui arrête la transpiration et qui est un grand obstacle à leur croissance.

DE LA NÉCESSITÉ D'OTER AUX PORCS LES ORGANES DE LA GÉNÉRATION.

Tous les porcs, mâles comme femelles, qui ne sont pas destinés à la propagation, doivent être châtrés, si le possesseur ne veut les voir multiplier malgré lui. Indépendamment de cet inconvénient, il y en a un autre qui n'est pas moins onéreux, c'est que leur propension pour la reproduction les empêche de s'engraisser, même au logement.

On appelle porc ou verrat châtré l'animal à qui on a enlevé les testicules, et truie coupée l'animal à qui on a enlevé les ovaires.

C'est à l'âge de six semaines que l'on châtre les jeunes truies, lorsqu'on les destine à être mises à l'engrais à l'âge de six à neuf mois ; mais, si elles sont destinées à n'être mises à l'engrais que l'année suivante, il faut attendre l'âge de six mois pour leur faire subir cette opération, par la raison que, quand on laisse au corps le temps de se développer, on obtient ainsi des bêtes grasses d'un poids plus considérable et d'une qualité bien supérieure. Il en est de même du jeune verrat, quand on peut différer de le châtrer sans qu'il s'accouple avec les truies; mais aussi on court la chance de perdre l'animal, par suite de souffrances beaucoup plus grandes qu'il éprouve à mesure que son âge est plus avancé.

DE L'EXTIRPATION DES OVAIRES.

Quand vous voudrez châtrer la truie, vous la mettrez à la diète vingt-quatre heures avant, et vous lui donnerez seulement à boire de l'eau. Vous commencerez l'opération par lui passer autour du nez un cordon qui l'empêchera de crier et de mordre ; ensuite vous la placerez devant l'opérateur, qui sera assis sur une chaise ; vous coucherez la truie sur le côté droit, de manière qu'elle tourne le dos à l'opérateur. Afin de relever la partie postérieure, et tendre le ventre au point de l'opération, il lui posera le pied droit sur le cou, et le gauche sur le flanc. Si la truie est grosse, que l'opérateur ait besoin d'un aide, celui-ci tiendra la tête de la truie, et un autre mettra la jambe gauche postérieure en croix sur la droite, et les tirera de manière que le ventre restera bien tendu. L'opérateur se munira d'un couteau qu'il tiendra de la main droite, saisira le flanc de la main gauche, et fera tendre la peau ; avec son couteau, il enlèvera les soies qui se trouvent entre le flanc et l'angle extérieur de l'ilion, ou os de la hanche, en ligne droite de celui-ci. (C'est là l'endroit où l'opération devra être pratiquée.) Ensuite il fera à la partie supérieure du flanc une incision, de manière que la peau et les muscles du ventre soient coupés en partie. Avec l'index de la main droite, l'opérateur percera la membrane séreuse du ventre ; il portera le même doigt au creux du ventre, vers la superficie intérieure de l'os de la hanche. (C'est là que l'ovaire est situé.) Quand il l'aura trouvé, il le conduira avec son doigt, plié à cet effet, vers la superficie intérieure du creux du ventre, jusqu'à l'ouverture, pour saisir l'ovaire : une fois qu'il l'aura fait parvenir jusqu'à l'ouverture, il tirera la corne de l'utérus en dehors, autant qu'il faudra pour que la corne droite soit portée aussi à l'ouverture, et, par cette manœuvre, il aura fait approcher l'autre ovaire. Il saisira les deux cornes avec la main gauche, et arrachera les ovaires et les trompes ; ensuite il fera rentrer les cornes, et, après avoir remis la jambe gauche de la truie dans son attitude naturelle, il fermera l'ouverture en cousant d'un fil simple.

Dans les premiers jours qui suivent l'opération, la truie doit recevoir une nourriture de choix et en petite quantité : elle doit être composée d'un peu de lait acidulé, mêlé de son, de farine et de seigle. Pendant qu'elle a la fièvre de la plaie, il faut la tenir renfermée dans un lieu frais pour l'empêcher de chercher l'eau ou une mare.

Plus il y a perte de sang, moins il est facile à la truie de résister à l'opération ; en conséquence, je conseille de percer au lieu de couper le péritoine et une partie des muscles du ventre : on évitera, d'ailleurs, le risque d'endommager les boyaux, si on fait la taille superficiellement. Par le même motif, les ovaires ne doivent pas être coupés, mais arrachés. S'il s'agit des gorets, on peut même, sans aucun péril, emporter aussi une partie des cornes. L'expérience m'a appris que si on n'enlève pas entièrement l'ovaire à la truie, elle en conserve toujours de la propension à la propagation.

Les accidents les plus dangereux pour les animaux opérés sont l'adhésion des boyaux entre eux et à l'ouverture de la plaie, et par suite leur inflammation, qui se termine d'habitude par l'oscite et par des ulcères qui se forment autour de la plaie.

On guérit l'inflammation en donnant à l'animal opéré quelques aliments aigrelets en petite quantité.

Dans le cas où l'endroit opéré serait bien enflé, et que l'enflure se trouverait molle sous le doigt, il faudrait l'ouvrir pour donner cours au pus qui y serait renfermé, et ensuite bien laver la plaie avec une faible dissolution de vitriol bleu dans de l'eau.

Il arrive très-souvent que l'on fait châtrer des truies pleines, dans l'ignorance où l'on est qu'elles ont eu commerce avec le verrat ; dans ce cas, on court grand danger de les perdre : elles avortent presque toujours, et meurent d'une inflammation au bas-ventre. Il faut, quand on s'en aperçoit à temps, attendre, pour leur faire subir cette opération, qu'elles aient cochonné et allaité leurs gorets.

DE LA CASTRATION.

Il y a différentes manières d'opérer la castration des

verrats. Si on entreprend sur des porcs de six semaines, on ouvre la bourse sur chaque testicule, on tire ces organes un peu en dehors par l'ouverture, ensuite on les coupe; mais cette méthode n'est pas praticable pour les verrats de six mois et au-dessus de cet âge, attendu qu'il y aurait une hémorragie trop abondante; on a alors recours aux tasseaux, comme pour les chevaux, ou bien on lie le cordon spermatique.

CASTRATION AVEC TASSEAUX.

Le tasseau est composé de deux pièces de bois de 6 à à 8 centimètres de longueur sur 1 à 2 centimètres de largeur; ces pièces sont arrondies d'un côté, et ont une entaille pratiquée à une certaine distance de chaque extrémité, tandis que, de l'autre, elles sont disposées en talus aux deux bouts, et creusées à leur milieu d'une cavité remplie d'une pâte composée moitié de vitriol vert, de bolet rouge et d'alun. Après avoir réuni l'un à l'autre les deux tasseaux par leur côté plat, on les lie ensemble à l'un des bouts avec une forte ficelle à laquelle on aura fait un nœud coulant. Si on veut lier le cordon, on aura un fil très-fort et une aiguille. Lorsqu'on aura un animal plus âgé à opérer, il faudra lui lier le museau comme je l'ai indiqué pour la truie, et se faire assister par un homme qui le tiendra entre ses jambes. Ensuite l'opérateur saisira de la main gauche, et de haut en bas, un des testicules, et avec un couteau fendra la bourse, et le testicule sortira nu. Après l'avoir tiré un peu vers l'ouverture; il placera les tasseaux sur le cordon, du haut en bas; c'est alors qu'il liera le bout ouvert avec une ficelle. Le tout ainsi préparé, il n'y a plus qu'à couper le testicule, de manière cependant qu'il reste une partie du cordon sous les tasseaux pour les soutenir. Il est inutile de dire que l'extirpation du second testicule est faite de la même manière. On laisse les tasseaux aux jeunes verrats pendant douze heures, et aux vieux pendant vingt-quatre heures; et, pour les en débarrasser, on n'a qu'à couper la ligature de l'un des bouts des tasseaux.

CASTRATION PAR LIGATURE.

Lorsqu'on veut procéder par la ligature, il faut d'a-

bord ouvrir la bourse et tirer le testicule du dehors, percer ensuite avec une aiguille le cordon spermatique, de manière que la ligature embrasse seulement les vaisseaux du bout supérieur du testicule. Cela fait, on serre fortement le cordon au moyen d'un simple nœud, auquel on en ajoute un second, et après on coupe le fil. On procède de même pour l'autre testicule.

Le verrat sera traité, avant et après l'opération, de la même manière que la truie opérée. Quand on a bien serré la ficelle, la ligature ne présente aucun danger; on n'a plus besoin de s'en occuper : la séparation fait tomber les testicules, et, peu de temps après, la plaie est cautérisée. Les nombreuses expériences que j'ai faites de ces deux manières d'opérer, m'ont démontré qu'elles réussissent aussi bien l'une que l'autre, à l'exception, cependant, que l'animal qui a subi l'opération au moyen de la ligature, reste pendant les premiers jours un peu plus courbaturé que par le moyen des tasseaux.

MOYENS D'EMPÊCHER LE PORC DE FOUGER.

Pour diminuer l'instinct qu'ont les porcs de fouger en cherchant des racines et des insectes dans les champs, il faut les boucler, ou bien couper deux tendons à leur boutoir. On sait combien est pernicieux leur passage sur les champs et sur la plupart des terrains, quand ils ne sont pas bouclés.

Le bouclement peut se faire de deux manières : la première se pratique au moyen d'un fil d'archal ayant une longueur de 39 millimètres, et de la grosseur d'une aiguille à tricoter, à l'un des bouts duquel on fait une maille pour y recevoir l'autre bout. On perce le bout du groin du porc avec une alène, ensuite on passe le fil d'archal par l'ouverture, et on le fait joindre par la maille à l'autre bout. On peut encore donner au fil d'archal la forme d'un S, au moyen duquel on n'a pas besoin de joindre les deux bouts.

La seconde manière consiste à passer dans le groin du porc, au lieu du fil d'archal, une petite barre de fer de la même dimension que l'aiguille à tricoter employée dans la première manière, forgée aux deux bouts en forme de flèche, dont les deux dents sont tournées l'une contre l'autre. Par ce moyen, toutes les fois que le porc veut fouger, la pointe en flèche du fer pique le museau et lui cause des douleurs.

DE L'INCISION DES TENDONS.

L'incision des tendons se pratique sur la partie supérieure du groin, ou aboutissent les deux tendons des muscles releveurs ; en abaissant un peu le bout du museau, on peut les palper distinctement sous la peau, où l'on dirait deux cordes tendues tout près de la surface du groin. Pour les couper il faut faire une incision à la peau, les mettre à découvert, les tirer hors de l'ouverture au moyen d'une aiguille enfilée qui les traversera ; alors on les coupe en retranchant de chacun une longueur d'un ou deux centimètres ; l'incision se cicatrise d'elle-même.

Afin d'empêcher le porc de crier ou de mordre lorsqu'on le boucle, ou qu'on lui coupe les tendons, il faut lui lier le museau avec une ficelle.

DE LA PORCHERIE.

L'instinct naturel du porc de se vautrer dans la fange pour rafraichir sa peau, a mal à propos donné lieu de croire que la malpropreté contribue à faire prospérer cet animal, et de n'accorder en conséquence, aucune attention à la propreté du toit qui doit l'abriter. Les expériences que j'ai faites moi-même, m'ont convaincu qu'ils engraissaient beaucoup plus rapidement dans une porcherie nettoyée avec soin, que lorsqu'on laissait séjourner longtemps la même litière sans la renouveler : car, dans ce dernier cas, au lieu de rester constamment couché, il se lève une partie du jour, il s'agite, il grogne sans cesse, et ne rentre dans le repos qu'après avoir une nouvelle litière.

Il y a deux choses à considérer quand on veut établir une prochcrie, le site et le sol. Il faut, pour se conformer au goût du porc, l'établir de préférence au midi parce qu'il a besoin de chaleur en hiver, et le placer au nord dans les pays chauds, afin qu'il ne souffre pas trop de la chaleur.

La grandeur de la porcherie doit être proportionnée au

nombre de porcs que l'on a à y loger ; chaque animal doit y avoir une place de 5 à 10 mètres carrés, suivant sa grosseur.

Si on élève une petite quantité de porcs, 2 ou 3 loges suffisent ; mais, si on exploite en grand cette insdustrie, il est très-urgent pour le service d'avoir dans une cour particulière, une grande quantité de loges, et il est encore plus convenable de consacrer plusieurs petites cours aux différentes classes de porcs, afin de pouvoir tenir séparés principalement les porcs à l'engrais, les truies pleines ; et il serait nécessaire, pour le bien-être de ces animaux, que ces petites cours se trouvassent à l'abri des vents, qu'elles fussent pourvues d'un bassin rempli d'eau et peuplées de quelques arbres, pour que les porcs pussent se laver et se mettre à l'ombre à leur gré.

Il serait aussi nécessaire d'avoir des logements séparés pour chaque âge de porcs, attendu que les jeunes sont toujours opprimés par les plus âgés, les plus faibles par les plus forts et les plus voraces.

Les portes des loges doivent être montées de manière à s'ouvrir en dehors et en dedans, et se refermer d'elles-mêmes après que l'animal est sorti ou rentré.

Les auges dans lesquelles on donne la nourriture, doivent être placées moitié en dehors, et moitié en dedans. Il faut placer sur la moitié faisant saillie en dedans, un couvercle percé d'autant de lunettes qu'il y a d'animaux renfermés ensemble : chaque porc passe sa tête dans une de ces lunettes pour manger, sans être inquiété par ses voisins, et le repas profite à l'un comme à l'autre. On verse la nourriture par la saillie extérieure pour ne pas être incommodé par les porcs, et avec plus de promptitude, que si on était obligé d'entrer dans la loge pour se frayer un passage au milieu de ces bêtes turbulentes.

Comme il est très-urgent que les auges soient toujours tenues proprement, on aura soin de les percer d'un trou par le bas du côté de la cour, afin de pouvoir les laver et es vider chaque fois que le besoin s'en fera sentir.

L'intérieur de la porcherie devra être construit en pente, pour donner aux matières liquides un écoulement vers une rigole construite à cet effet dans la cour, pour être ensuite conduites dans un creux. Il devra être aussi pavé en pierres, dallé ou planchéié, pour que les porcs ne puissent y fouiller. Le haut sera plafonné afin que la chaleur et le froid ne pénètrent pas trop facilement par la toiture, et ne fasse pas souffrir aux porcs, les excès de température qu'ils redoutent.

DE L'ENGRAISSEMENT.

L'engraissement rapide et économique dépend de la santé du porc, de son âge, de sa nourriture et de la manière de la préparer et de la distribuer, de la castration, de la saison où on le met à l'engrais, et de l'état de repos dans lequel on le tient.

C'est à l'âge de 18 mois à 2 ans que l'engraissement doit commencer, afin qu'il ait déjà acquis un certain développement sans cependant être arrivé à l'âge où ses muscles commencent à se durcir.

La saison qui convient le mieux pour l'engraisement, commence en automne et finit en hiver, parce qu'alors les racines de toutes espèces abondent, et les travaux des champs permettent de travailler à leur préparation et à leur cuisson.

La meilleure règle à suivre tout le temps que dure l'engraissement, consiste à substituer toujours un aliment plus substantiel à celui qui l'était moins, de manière qu'il trouve à mesure que son appétit diminue, une nourriture moins considérable et plus substantielle. Quand l'engraissement devra se faire avec une seule substance, on la servira d abord crue et délayée dans beaucoup d'eau, ensuite on la fera cuire légèrement et après entièrement, on y ajoutera un peu de sel de cuisine pour en relever la saveur, ou on la fera tourner à l'aigre : on commencera la boisson par l'eau pure et progressivement convertie en bouillon épais de substances farineuses ou animales que l on pourra aussi faire tourner à l'aigre.

ENGRAISSEMENT AVEC LES PARTIES VERTES DES PLANTES.

On emploie pour cet engraissement la luzerne, le trèfle, les choux, les vesces, et, après avoir haché ces diverses espèces de fourrages, on les met, longtemps avant de les employer, dans des cuviers où on les fait aigrir, où on les sale. Quand les porcs sont habitués à cette espèce de choucroute, elle leur est très-agréable, mais ne réussit pas complétement. Il faut modifier leur alimentation à la fin de l'engraissement comme la plupart des autres qui vont suivre.

ENGRAISSEMENT AVEC DES RACINES.

Les racines qui composent cet engraissement sont les navets, les raves, le topinambours, les pommes de terre et les betteraves.

On commence d'abord par les trois premières espèces, parce que les molécules y sont déposées dans une proportion fort minime, et que la cuisson n'y développe que de bien faibles qualités. On continue ensuite par les pommes de terre et les betteraves qui sont d'une bien autre importance : la fécule et le sucre que renferment ces plantes leur donnent une telle supériorité sur toutes les autres, qu'elles peuvent être employées comme nourriture seule et unique. Elles doivent être lavées et coupées en morceaux avant d'être présentées aux porcs; pendant un certain temps ils les mangeront crues avec plaisir, mais ils n'attendront pas longtemps à perdre l'avidité qu'ils avaient à l'heure de leurs repas; il faut alors les faire cuire pour qu'ils n'éprouvent pas de dégoût. Cet engraissement est réglé le plus souvent comme ci-après : on donne d'abord les racines mélangées avec des eaux grasses, ensuite on mêle une petite quantité de farine de sarrasin, de seigle ou d'orge, aux racines, et, pour terminer, une pâte de la farine pure.

ENGRAISSEMENT AVEC DES BAISSIÈRES D'EAU-DE-VIE.

Dans les localités où l'on fabrique de l'eau-de-vie, l'emploi des résidus pour l'engrais des porcs est très en vogue et donne de bons résultats. Il faut 144 kilos de baissière par semaine pour un porc d'un an de taille moyenne. Cet engraissement dure ordinairement quatre mois et demi; les gros et vieux porcs en consomment davantage et restent plus longtemps sous le toit avant d'être entièrement gras.

Le résidu doit leur être d'abord servi dans l'eau, afin de diminuer l'action, parce que dans les premiers jours il grise les porcs ; mais il ne faut pas y faire attention, ils y seront bientôt accoutumés, quoiqu'on diminuera la quantité d'eau qu'on y fera entrer.

La baissière donne lieu à un lard mollasse, mais savoureux ; aussi les porcs engraissés de cette manière produisent peu de saindoux. Pour avoir un lard épais et beaucoup de saindoux, il faut choisir, pour les mettre à l'engrais, des porcs gros et âgés ; mais, comme leur lard n'est pas aussi savoureux et que leur engrais est plus coûteux et plus lent, on prend le plus souvent pour cet engraissement des porcs de six mois ou d'un an. On achète les premiers de 26 à 30 fr., et ils se vendent de 66 à 70 fr. après avoir été soumis à ce régime pendant deux mois et avoir consommé 2400 kilos de baissière, de sorte qu'un porc ainsi engraissé donne un grand bénéfice ; et, en prolongeant son engraissement de deux mois, le profit qu'on en retirerait serait proportionnellement inférieur. L'engraissement d'un porc d'un an dure quatre mois et donne par tête un bénéfice de 35 à 45 fr. Ces porcs consomment journellement, pour commencer, 25 à 30 kilos de baissière ; mais, à mesure qu'ils prennent de la graisse, leur voracité diminue. Les résidus acidulés sont tout à fait nuisibles à l'engraissement.

ENGRAISSEMENT AVEC DES RÉSIDUS DE LAITERIE.

Le petit-lait et le lait acidulé, que l'on a en si grande quantité dans les fermes, sont employés à l'engrais des porcs. On les épaissit avec un peu d'orge concassé, et les porcs ainsi nourris sont promptement engraissés ; leur lard est ferme et savoureux, leur chair excellente ; mais il ne faut pas substituer un autre engraissement à celui-ci une fois qu'on l'a commencé, parce qu'on verrait bientôt l'animal diminuer de poids par l'effet du changement de nourriture.

Ce mode d'engraissement ne peut convenir que dans les lieux où on ne peut pas fabriquer de fromages ou employer le lait plus avantageusement, attendu que la quantité nécessaire à chaque porc est trop considérable pour être ainsi utilisé. Un porc d'un an peut consommer le lait acidulé et le petit-lait de trois bonnes vaches, et il faut 25 kilos de lait aigri à un porc de six mois.

ENGRAISSEMENT AVEC LE RÉSIDU DE LA FABRICATION DE LA BIÈRE.

Les résidus de bière doivent être administrés aux porcs en très-grande quantité, parce qu'ils ne renferment que très-peu de particules nutritives ; ainsi nourris les porcs prennent peu de lard mais beaucoup de chair. Il faut conserver ces résidus dans l'eau, si on veut vers la fin de l'engraissement y ajouter une nourriture plus substantielle.

ENGRAISSEMENT AVEC DES MARCS D'AMIDON.

Les amidonniers fournissent des marcs et baissières qui engraissent promptement, et produisent un lard ferme et une chair succulente. Il faut les donner aux porcs avec ménagement parce qu'ils les mangent dans les premiers temps avec beaucoup d'avidité, et finissent bientôt par en être dégoûtés si on ne les mélange pas avec d'autres aliments ; 16 kilos de ces résidus produisent environ 2 kilos 3/4 de lard. Ces résidus sont difficiles à se conserver : pour y parvenir, il n'y a pas d'autre moyen que de les faire évaporer et ensuite les faire cuire au four.

ENGRAISSEMENT AVEC DES TOURTEAUX HUILEUX.

Les porcs engraissés avec cette substance donnent un lard insipide, huileux et mou ; mais elle est cependant très-propre à leur nourriture.

ENGRAISSEMENT AVEC LES RÉSIDUS DE BOUCHERIES ET DE CHAIR DE CHEVAL.

Le déchet des boucheries, comme les tripailles, le sang, etc., de même que la chair de cheval, fournissent une bonne nourriture aux porcs à l'engrais ; il en faut 8 kilos par jour à chaque porc. Si en même temps on mêle à cette nourriture des graines et des pommes de terre, on est assuré d'avoir un lard plus ferme et beaucoup plus savoureux.

ENGRAISSEMENT A LA GLANDÉE.

Le moyen le moins dispendieux d'engraisser les porcs est de les laisser à la glandée ; mais cet engraissement est toujours incomplet. Les glands rendent le lard plus ferme et la graisse plus dure que les faînes qui produisent un lard doux et molasse qui suinte lorsqu'il est chaud.

Dans de certaines localités, les glands sont en si grande abondance qu'on les ramasse pour servir d'engrais aux porcs à l'étable; dans ce cas il faut les drécher; pour cela on les place dans une fosse, on les arrose d'eau salée, on les recouvre de terre jusqu'à ce qu'ils aient germé, alors on les retire, on les fait sécher, on les égruge et on les délaie dans de l'eau au moment de les donner aux porcs.

Les glands ainsi desséchés peuvent se conserver d'une année à l'autre, ce qui est très-important attendu que les chênes, quelque fertiles qu'ils soient, ne produisent ordinairement de glands que tous les deux ans. On a soin d'alterner cet aliment avec d'autres substances plus nutritives.

ENGRAISSEMENT AVEC DES GRAINS.

L'orge, le seigle, le sarrasin, l'avoine et le maïs sont les grains que l'on emploie le plus souvent. On donne le grain aux porcs de plusieurs manières : 1° cru et sec, mais beaucoup d'eau à boire ; 2° détrempé dans de l'eau, mais, pour qu'il soit plus nourissant, on le fait germer, puis sécher ; 3° cuit et crevé ; 4° concassé.

En donnant ainsi le grain il engraisse complétement, et les porcs ne s'en dégoûtent pas si on a eu soin de le faire détremper un peu avant l'heure du repas et d'en former une pâte homogène que l'on aura éclaircie avec de l'eau.

Le maïs et l'orge sont très-propres à l'engraissement surtout vers la fin. Les porcs en sont très-friands.

Si on veut les engraisser avec des grains et des légumes il faut d'abord donner les légumes purs, détrempés et cuits ou égrugés, et y mêler une quantité de grains de plus en plus forte, attendu que, si on commençait par le grain, ils rebuteraient ensuite les légumes. On peut encore faire aigrir la pâte ; l'engraissement par ce moyen est plus prompt et moins coûteux que celui qui s'opère avec le grain. Le grain égrugé ou la grosse farine doivent être délayés dans de l'eau chaude et réduits en pâte ; en 12 heures le tout est aigri quand il a été tenu à une température un peu élevée ; alors on mélange une partie de cette pâte avec de l'eau pour en faire un breuvage épais que l'on donne aux porcs ; quand il ne reste que peu de pâte, on y ajoute de nouveau grain égrugé et de la farine. Ce breuvage ne nourrit pas suffisamment les porcs, mais il leur est très-agréable ; il faut leur ajouter à cette nourriture une ration de grain ou de pois, si on ne veut pas avoir une chair flasque et légère, peu de lard et peu de graisse.

Quand les cochons ont atteint un poids d'engraissement convenable par l'un des moyens que je viens d'indiquer, il faut se dépêcher de les tuer si on ne veut pas les voir périr en quelques jours par la cochixée graisseuse.

MALADIES DES PORCS.

1° Maladie vermineuse. — On reconnaît que le porc est atteint de cette maladie quand on le voit dépérir malgré sa voracité, tousser et rendre ses excréments tantôt liquides et tantôt épais, atteint de coliques et quelquefois de convulsions, et pousser des cris. Ces symptômes proviennent des vers que l'on trouve dans le canal intestinal des porcs, dont les organes digestifs sont énervés. *Remède.* Mêlez 40 grammes d'étain rapé au son, ou autre aliment solide que le porc avale facilement ; continuez ce remède pendant trois ou quatre jours consécutifs, et faites en même temps donner au malade une décoction amère, d'absinthe ou de tanaisie, et mêlez un peu de sel dans sa nourriture.

2° Ladrerie ou glandines. — Cette maladie est caractérisée par des hydatides qui se trouvent dans le lard où elles forment de petits boutons blancs ou bleuâtres qu'autrefois on prenait pour des glandes. Il est bien aisé de s'apercevoir quand un porc prend cette maladie : ses oreilles se penchent, il est triste, sa queue s'allonge et n'est plus recourbée sur son dos, il a la voix rauque parce que ces hydatiques s'établissent dans le gosier ou la bouche, et l'affaiblissent tellement qu'il ne peut prendre de graisse. *Remède.* Mêlez à la nourriture journalière de chaque porc 8 grammes de sulfate d'antimoine, après l'avoir réduite en poudre ; continuez ce remède plusieurs semaines, remplacez-le de deux jours l'un par 16 grammes de sel marin et autant de moutarde mêlés ensemble que vous répandrez également sur la nourriture journalière. Aussitôt que le porc commencera à profiter de sa nourriture et qu'il cessera d'avoir la voix rauque, la maladie sera en train de guérison ; au surplus on peut manger sans crainte le lard d'un porc atteint de ladrerie : il n'est pas nuisible à la santé.

3° LA POURRITURE DES SOIES provient du séjour dans un air mal sain, de la malpropreté et du défaut de mouvement longtemps prolongé ; les symptômes de cette maladie s'annoncent par la perte des forces, la lassitude, la paresse et une diminution d'appétit. La gencive est enflée et flasque, et au moindre contact il en sort un sang noirâtre. *Remède.* Changez sa nourriture si elle a toujours été la même, donnez-lui en un autre également substantielle ; vous y joindrez des herbages ou du fruit, faites sortir l'animal à l'air libre et logez-le dans une étable propre ; faites-le baigner, si la saison le permet, et mêlez journellement à sa nourriture 2 à 4 kilos d'une décoction d'une plante amère (absinthe d'écorce de saule ou de chêne), en y associant une quantité égale de lait de chaux.

On prépare le lait de chaux en mettant 1 kilo de chaux vive avec de l'eau dans un vase où on laisse ce mélange pendant vingt-quatre heures, en ayant soin de le remuer deux ou trois fois pendant ce temps ; on verse cette eau qui est alors très-limpide dans la nourriture du malade.

4° LA PETITE VÉROLE présente les mêmes caractères et suit la même marche dans le porc que dans l'homme. *Symptômes.* L'animal baisse la hure, porte les oreilles en arrière et entortille plus sa queue, devient paresseux, les soies sont hérissées, ses yeux sont ternes et sa respiration difficile, l'appétit a diminué. Vers le troisième ou quatrième jour, on aperçoit sur les porcs blancs des taches rouges qui grossissent jusqu'au quatrième jour, époque à laquelle elles commencent à fléchir au centre et à suppurer. Au neuvième ou dixième jour les boutons sont tout blancs et couverts d'une croûte qui commence à tomber vers le douzième jour. *Remède*. Donnez à l'animal malade une loge tempérée et une bonne litière; si c'est un vieux porc, donnez-lui du lait acidulé pour boisson, et, à défaut de lait, associez du levain à l'eau ; faites suivre le même régime aux truies dont les petits sont atteints de cette maladie ; administrez aux gorets, si l'éruption est lente, 2 à 3 centigrammes d'ellébore blanc et 6 à 7 aux gros porcs; ce remède doit être administré dans du lait frais.

5° DE LA BOSSE DES SOIES OU MALADIE CHARBONNEUSE. — Tout ce qui affaiblit les forces vitales de l'animal peut produire cette maladie, comme les privations d'eau dans les grandes chaleurs, la mauvaise nourriture, la disette des aliments, trop ou trop peu de mouvement sont autant de causes propres à la déterminer. *Symptômes*. Battements du cœur et des artères très-fréquents, souffle chaud, respiration accélérée, pas d'appétit, grincement de dents. On remarque au cou, derrière et sous les parotides, douze à quinze soies et plus qui se dressent en touffe et se distinguent des autres soies par une érection et une teinte plus terne. L'endroit où les touffes se hérissent et blanchissent chez les porcs blancs est gros comme une fève. *Remède*. Commencez par séquestrer l'animal malade parce que cette maladie est contagieuse ; donnez-lui toutes les trois heures la quantité de trois kilos d'une boisson composée de 2 kilos d'une tisane ou extrait d'absinthe et d'un demi-kilo de vinaigre. Brûlez avec un fer rouge les endroits décolorés, enduisez ensuite la partie brûlée avec de la graisse, et après, servez-vous pour les plaies de l'eau de vitriol bleu.

Les porcs qui meurent de cette maladie doivent être enterrés corps et poils, attendu que l'attouchement de leur chair peut communiquer leur maladie à d'autres et même aux hommes.

6° LA BOUCLE (*charbon à la langue*) est de même nature que la maladie des soies et provient des mêmes causes. *Symptômes*. Violents accès de fièvre, grincement de dents, dégoût, faiblesse, immobilité, tête baissée, et reste couché le plus souvent. Il lui pousse, dans un endroit quelconque de la bouche, une vésicule blanchâtre qui, par la suite, devient brune, noirâtre et gangrenée, et qui finit par tomber. La gangrène se repand dans toutes les parties de la bouche et fait périr l'animal. *Remède.* Aussitôt que vous apercevrez cette maladie, ouvrez la bouche du porc, crevez la vessie avec l'instrument qui vous tombera sous la main, frottez la place avec du sel ammoniac dissous dans le vinaigre, donnez ensuite à boire aux malades des remèdes acides et amers, et faites-les leur prendre de force s'ils se refusent à les prendre de bonne volonté; soumettez-les à la même tisane que celle prescrite pour la maladie des soies. Enterrez l'animal si vous venez à le perdre, parce que cette maladie est aussi contagieuse.

7° DES APHTES OU DU MAL DE PIED. — Cette maladie naît de la mauvaise nourriture, du régime, de la température, enfin de toutes les causes qui peuvent affaiblir l'animal. *Symptômes.* Dégoût complet, bouche baveuse, digestion difficile, boitement de l'un ou de l'autre pied, plaies dans la bouche, provenant des vésicules blanches : le bord en est blanchâtre et le fond rougeâtre, quelquefois celui-ci est noirâtre ou blanchâtre et ont la grosseur d'un pois et quelquefois plus larges.

Les plaies entre les ongles rendent un pus aqueux et infect; elles sont presque toujours accompagnées de tumeurs inflammatoires à la circonférence de la couronne; c'est pourquoi le boitement devient sensible. Souvent l'animal n'a que des plaies aux ongles sans en avoir à la bouche, comme aussi il peut en avoir à la bouche sans en avoir aux ongles. *Remède.* Si les plaies à la bouche prennent un mauvais aspect, frottez-les avec une forte saumure, mais, dans le cas contraire, attendez que la digestion soit rétablie; ces plaies guérissent le plus souvent d'elles-mêmes.

Si l'animal est fortement attaqué du mal de pied, lavez la plaie avec du vitriol bleu, enveloppez l'enflure d'une bouillie de son, si vous voyez qu'elle s'étend beaucoup autour du pied; voyez si la plaie s'est fait une croûte sous le sel du pied; dans ce cas, enlevez la partie de cette corne soulevée, lavez ensuite la plaie avec de l'eau de vitriol bleu, et pansez ensuite avec de l'étoupe au moyen d'un bandage.

Avant de commencer aucun remède, il faut faire entrer les animaux dans l'eau tous les jours deux ou trois fois : cela suffit ordinairement pour nettoyer les plaies et détruire les enflures.

8° MALADIE PÉDICULAIRE (*phthirias*). —Le porc, comme tous les autres animaux domestiques, peut devenir pouilleux, s'il manque de soins; il peut même communiquer cette vermine aux porcs bien traités avec lesquels il vit. *Symptômes.* Le porc pouilleux se frotte, il est maigre, hâve; sa nourriture ne lui profite pas. *Remède.* Si les poux proviennent de la mauvaise nourriture et de la malpropreté, le remède est bien simple; améliorez l'une et l'autre, et la maladie sera bientôt disparue.

Mais la maladie pédiculaire peut être la suite d'une très-grande débilité du porc; alors la vermine fourmille dans toutes les parties du corps, se fraie en rongeant un passage sous la peau, sort par le nez, la bouche et les yeux. Quand la maladie pédiculaire a atteint un tel degré, il y a peu d'espoir de la détruire; on peut cependant essayer le remède ci-après : *Remède.* Faites-lui avaler 8 grammes d'éthiops minéral (sulfure de mercure), mêlés de 36 grammes de sel marin, et bassinez les endroits vermineux avec le vinaigre arsenical, 2 litres de vinaigre, 1 litre d'eau et une once d'arsenic; faire bouillir le tout ensemble jusqu'à ce que l'arsenic soit dissous.

9° L'ESQUINANCIE (*angina*) est une maladie qui peut tuer les porcs dans vingt-quatre heures; elle peut naître de la privation de l'eau dans les grandes chaleurs, d'un air mal sain, d'une température froide et humide dans la belle saison. *Symptômes.* Le porc a la voix rauque, la respiration gênée, le pouls agité; il trépigne des pieds, branle la tête et a le cou enflés. *Remèdes.* Passez-lui un cordon de crin enduit de mouches cantharides à travers l'enflure du cou, et remuez-le chaque jour en renouvelant chaque fois l'enduit; faites-lui ensuite prendre toutes les trois heures, tant en boisson qu'en lavement, 250 grammes du remède préparé comme ci-après : (2 kilos d'une infusion d'absinthe bien forte, 500 grammes de vinaigre; on mêle bien et on en fait avaler en plusieurs fois.)

Cette maladie étant contagieuse, le cadavre du porc doit être enterré en entier si on vient à le perdre.

10° L'ENGRAVÉE provient de ce que l'on fait faire aux porcs de longues marches pour les conduire aux foires ou aux marchés, surtout pendant les grandes chaleurs; il leur vient alors des inflammations à la couronne, autour des onglets et à la sole charnue sous le pied. *Symptômes.* Le porc engravé marche péniblement, pousse des cris et tourmente le troupeau dont il fait partie. *Remèdes.* Si vous avez plusieurs porcs atteints de cette maladie, conduisez-les à l'eau toutes les deux heures et laissez-les y debout une demi-heure, et continuez ainsi jusqu'à ce qu'ils ne ressentent plus de douleurs aux pieds. Si vous n'aviez qu'un seul animal malade et que vous voulussiez prendre la peine de traiter chaque pied séparément, enveloppez-les d'argile et d'eau de Saturne, que vous renouvellerez aussitôt qu'elles seront devenues sèches; continuez ce remède jusqu'à ce que la chaleur des pieds soit passée.

11° Les AVORTEMENTS proviennent ordinairement soit d'une trop bonne ou d'une trop mauvaise nourriture de la truie, ou bien d'un aliment ou de toute autre cause qui agit trop vivement sur la matrice; pour avoir été maltraitée de coups sur le groin ou cognée sur le ventre. *Symptômes.* La truie qui est sur le point d'avorter commence à être turbulente, à se jeter par terre, à criailler et à éprouver des douleurs avant le terme de la gestation. *Remède.* Placez à part la truie qui donne des symptômes d'avortement. Si elle est sanguine ou replète, coupez-lui les oreilles et la queue, afin de lui faire perdre du sang, et donnez-lui des boissons acidulées; rendez-lui la liberté si elle se montre pacifique; nourrissez-la avec ménagement et laissez-la dans un enclos où elle puisse se mouvoir à l'aise. Si la truie est maigre et qu'elle menace d'avorter, il ne faut pas la saigner; mettez-la seule comme l'autre, et associez 2 grammes d'opium à un aliment qu'elle mange volontiers; donnez-lui de bons aliments et des soins dès qu'elle reprendra le calme, c'est le moyen de rétablir ses forces.

12° COURS DE VENTRE. — Tout ce qui énerve, tout ce qui irrite les organes digestifs peuvent donner lieu à une semblable diarrhée ; elle peut provenir aussi de quelque vice dans le foie, des vers et de l'ascite. *Remède.* Mettez l'animal atteint de cette maladie à la diète les premiers jours, et ensuite de bons aliments. Si la diarrhée est trop forte, donnez quelques lavements d'eau tiède en y ajoutant 5 à 10 gouttes de laudanum par lavement.

13° VERS AUX OREILLES. — Les oreilles des porcs, principalement ceux que l'on nomme oreillards, sont sujettes à se fendre quand elles sont exposées à l'ardeur du soleil. Les mouches s'amassent sur les plaies, y déposent leurs œufs, desquels proviennent les vers que l'on trouve aux oreilles. *Remèdes.* Enduisez les parties blessées avec un mélange de deux portions de goudron et d'une huile de térébenthine.

14° CAILLOTS DE SANG AUX OREILLES. — Il arrive quelquefois que les oreilles des porcs s'enflent considérablement, et en y regardant l'on y découvre une tumeur contenant une liqueur fluide. En ouvrant cette tumeur, qui pour l'ordinaire est la suite d'une morsure, on y trouve du sang. *Remèdes.* Injectez dans l'ouverture de l'eau de vitriol bleu ou sulfure de cuivre, et la plaie guérira ensuite d'elle-même.

15° ONGLET DANS LES YEUX. — Tout le monde sait que le porc a de petits yeux ; aussi il perd quelquefois la vue momentanément, par suite d'une inflammation qui fait tuméfier et pousser sur l'œil la membrane clignotante (*membrana nictitans*) ou la troisième paupière. Cette inflammation, qui est connue sous le nom d'onglet, se distingue par l'avancement considérable de la membrane clignotante sur le coin interne de l'œil, par la rougeur de l'œil, même par la démarche mal assurée du malade et par son peu d'envie de manger. C'est une erreur de croire que ce manque d'appétit provient de cette maladie, il faut l'attribuer à toute autre cause, et par conséquent se dispenser de tailler la membrane clignotante, qui n'est qu'une opération barbare et inutile. *Remèdes.* Pour faire cesser cette enflammation, changez l'animal de local, car il sera plus sainement ; diminuez-lui sa nourriture pendant quelques jours, bassinez-lui les yeux deux ou trois fois par jour avec une liqueur composée de 4 grammes de vitriol blanc ou sulfate de zinc dissous dans un kilo d'eau.

16° LA GALE est causée par la mauvaise nourriture, et se communique par la contagion. *Symptômes.* Il vient aux porcs des vésicules à la superficie du corps, particulièrement aux aisselles et à la face intérieure de la cuisse ou de la hanche ; ces vésicules rendent du pus, forment une croûte et lui occasionnent des démangeaisons. *Remèdes.* Si la gale est naissante et qu'elle ne soit pas maligne (on connaît qu'elle est maligne quand les plaies galeuses s'étendent et confluent, qu'elles suppurent beaucoup et rendent la peau épaisse et lardeuse), bassinez pendant quelques jours consécutifs le porc galeux avec une forte décoction de tabac noir bouilli dans l'eau, ou une décoction de 44 grammes d'ellébore blanc dans un kilo d'eau.

Si la gale est enracinée et maligne, et pourtant sans former de grosses plaies, donnez au porc une bonne nourriture, lavez-le souvent avec de l'eau tiède dans le commencement, quand la peau est douloureuse ; et ensuite, quand elle ne l'est plus, frottez-la avec une brosse très-grossière et enduisez la peau de graisse ou d'huile.

17° DÉMANGEAISON AUX OREILLES. — On connaît que les porcs éprouvent une démangeaison aux oreilles quand ils grattent l'extérieur et l'intérieur avec les pieds postérieurs, et quand ils portent la hure obliquement tantôt d'un côté, tantôt d'un autre ; les oreilles sont rouges en dedans et en dehors, et rendent quelquefois une humeur infecte. *Remède.* Bassinez la partie malade avec de l'eau de Saturne (extrait de Saturne effluible au moyen de l'eau), en poussant au fond de l'oreille une éponge trempée de cette liqueur.

18. EXANIE, CHUTE DU RECTUM. — Cet accident peut être produit par un relâchement à la partie inférieure du rectum, occasionné par un cours de ventre trop longtemps prolongé ou par une trop grande accumulation d'un excrément dur ; il peut aussi être l'effet d'un ténisme qui a irrité ou échauffé cette partie. *Symptômes.* Quand le

rectum du porc se retourne et représente la figure d'un boudin au dehors du canal intestinal ou à l'ouverture de l'anus, il n'y a pas à douter que le porc est atteint de cette maladie qu'on appelle l'exanie. *Remèdes.* Si le partie sortie des intestins est d'une couleur pâle, bassinez-la avec une liqueur tiède, composée de vin et d'eau, et ensuite faites-la rentrer; après le rectum rentré, injectez l'anus avec cette même liqueur, et réitérez l'injection à deux ou trois reprises pendant les trois premiers jours qui suivent l'accident.

Si la partie sortie du rectum est rouge, lavez-la avec de l'eau tiède, et faites-la rentrer comme je l'ai indiqué ci-dessus. Quand le rectum est noir et charbonneux, il y a peu d'espoir de sauver l'animal.

La chute du rectum étant la suite d'une inflammation des intestins, il faut combattre cette inflammation par le changement de régime, par une nourriture cuite, facile à digérer, donnée en petite quantité.

19° Les HÉMORRHOÏDES proviennent d'un état d'irritation qui affecte principalement la muqueuse du rectum; elles peuvent être occasionnées par des aliments trop abondants et trop nutritifs, par des purgations au moyen de l'aloës et par des constipations. Les porcs soit gros ou maigres y sont également sujets. *Symptômes.* Il se présente parfois à la surface intérieure du rectum des tumeurs rouges, en forme de boulettes, de la grosseur d'une noisette, et même plus que dans l'acte de l'évacuation des excréments, paraissent hors le canal du boyau et occasionnent très-souvent l'exanie. Ces tumeurs rendent souvent du sang qui s'attache à la superficie des excréments, qui sont toujours durs, et occasionent des douleurs à l'animal lors de l'évacuation. *Remèdes.* Procurez à l'animal une évacuation bénigne en lui donnant chaque jour 250 grammes d'huile et des lavements mucilagineux. Servez-vous de cette même décoction tiède et un peu acidulée pour laver les tumeurs; si elles sont extérieures, faites-les rentrer dans le rectum après les avoir lavées pendant quelque temps de cette manière; traitez l'animal intérieurement de la manière que j'ai indiquée dans le paragraphe précédent.

20° La JAUNISSE atteint les porcs qui ont souffert la faim, ceux qui reçoivent de mauvais aliments ou qui digèrent mal; elle est occasionnée quelquefois par des vers, des pierres, des obstructions; dans ce dernier cas, elle est souvent mortelle et incurable. *Symptômes.* Le porc atteint de la jaunisse digère mal et n'a point d'appétit; il rend un excrément pâle et glutineux, et une urine rougeâtre; il a le blanc des yeux et le palais jaunes.

Cette maladie a pour cause immédiate l'inflammation aiguë ou chronique du foie. *Remèdes.* Commencez par donner aux porcs malades un bon toit, ensuite des aliments cuits et de facile digestion. Si la jaunisse a déjà duré quelques jours, employez le séton: c'est un moyen d'accélérer la guérison.

BÉNÉFICES.

Les bénéfices deviennent plus ou moins grands, selon les races et surtout selon la manière dont on élève les animaux. Aussi, tandis que dans quelques endroits ils apportent un profit considérable, dans d'autres, ils n'en donnent presque point.

Il est aujourd'hui bien démontré que tout individu qui ne bénéficie pas sur les cochons, ne sait ni les choisir, ni les gouverner.

Je vais maintenant démontrer, par un calcul, les bénéfices que j'ai faits sur 20 cochons de race de la vallée d'Auge, élevés et engraissés de la manière que jai indiquée dans ce petit ouvrage.

DÉPENSES.

Nourriture de 20 gorets pendant 2 mois d'allaitement et 27 jours après, y compris l'avoine donnée aux 2 mères, faisant en tout 132 jours, à 10 cent. par jour, par tête 14 fr. 20 c., pour 20 têtes.	264 fr.
Une année pendant laquelle les animaux ont paturé pendant 6 mois, estimée, à 15 cent. par jour par tête, 54 fr. 75 c., pour 20. .	1,095
A reporter.	1,359 fr.

Report.	1,359 fr.
60 jours pendant lesquels ils n'ont mangé que des pommes de terre, à 20 cent. par jour par tête, 18 fr., pour 20.	360
70 jours pour 40 cent. de pois par jour par tête 28 fr., pour 20.	560
70 jours pour 45 cent. d'orge par jour par tête, 27 fr. pour 20.	580
110 jours pendant lesquels les cochons n'ont mangé que pour 40 cent. d'orge par tête par jour, parce qu'alors leur appétit avait diminué, 110 jours à 40 cent. par jour par tête 44 fr., pour 20.	880
Gages d'un domestique.	400
Faux frais et entretien de la porcherie. . .	300
TOTAL DES DÉPENSES.	4,439 fr.

Après 2 ans, 2 mois et 7 jours, mes 20 cochons pesaient, l'un dans l'autre, 320 kilos, et furent vendus chacun 390 fr. Somme totale pour les 20. . . . 7,800 fr.

RÉCAPITULATION.

RECETTE.	7,800 fr.
DÉPENSE.	4,439
BÉNÉFICE NET pour les 20 cochons. .	3,361 fr.

D'après ce calcul, on peut voir l'avantage qu'il y a d'avoir des porcs de race qui ont l'avantage de s'engraisser facilement, et de savoir les nourrir convenablement.

Paris. — Imprimerie d'A. Sirou et Desquers, rue des Noyers, 37.

www.ingramcontent.com/pod-product-compliance
Ingram Content Group UK Ltd.
Pitfield, Milton Keynes, MK11 3LW, UK
UKHW022154170726
13837UKWH00004B/1979